Einführung:

Willkommen in der faszinierenden Welt der Lasergravur! Mein Name ist Dominik, und ich freue mich sehr, Sie auf dieser aufregenden Reise durch die Kunst des Lasergravierens zu begleiten. Über die letzten Jahre habe ich mir eine umfangreiche Expertise im Bereich Lasergravur und -schneiden mit verschiedenen Lasertypen und -stärken angeeignet. Was einst mein privates Hobby war, hat sich zu meinem Beruf entwickelt, und ich bin stolz darauf, mein Wissen und meine Erfahrungen mit Ihnen zu teilen.

Die Lasergravur ist eine einzigartige Kunstform, die sich durch ihre Vielseitigkeit und Präzision auszeichnet. Mit Hilfe hochmoderner Technologie können wir heute auf eine Vielzahl von Materialien gravieren und unsere Designs mit beispielloser Detailgenauigkeit umsetzen. Ob Holz, Glas, Metall oder Kunststoff - die Möglichkeiten sind nahezu grenzenlos.

Doch die Lasergravur ist nicht nur ein Handwerk, sondern eine Leidenschaft, die uns tief in die Welt des kreativen Gestaltens eintauchen lässt. Sie eröffnet uns neue Perspektiven und lässt uns die Grenzen unserer Vorstellungskraft überschreiten. Sie fordert uns heraus, unsere Fähigkeiten zu verbessern und uns ständig weiterzuentwickeln.

In diesem Buch werde ich mein gesamtes Wissen und meine Erfahrungen mit Ihnen teilen und Sie Schritt für Schritt durch die Grundlagen und fortgeschrittenen Techniken der Lasergravur führen. Wir werden gemeinsam die verschiedenen Materialien erkunden, mit denen Sie arbeiten können, die Software kennenlernen, mit der Sie Ihre Designs erstellen, und praktische Tipps und Tricks entdecken, die Ihnen helfen, Ihre Projekte zum Leben zu erwecken.

Doch bevor wir uns in die Details stürzen, möchte ich Sie dazu ermutigen, sich voll und ganz auf diese Reise einzulassen. Die Lasergravur ist nicht nur ein Handwerk, sondern eine Reise der Selbstentdeckung und kreativen Entfaltung. Sie erfordert Geduld, Hingabe und Leidenschaft - aber die Belohnungen sind unermesslich.

Lassen Sie sich von der Kreativität und Vielfalt der Lasergravur inspirieren und tauchen Sie ein in eine Welt voller Möglichkeiten und unendlicher Entdeckungen. Möge dieses Buch Ihnen helfen, Ihre Fähigkeiten zu entwickeln, Ihre Projekte zu verwirklichen und Ihre Leidenschaft für die Lasergravur zu entfachen.

Gefahren und Sicherheitsvorkehrungen beim Laserschneiden:

Das Laserschneiden ist eine äußerst vielseitige und effiziente Methode zum Schneiden verschiedener Materialien, von Holz und Kunststoff bis hin zu Metall und Glas. Während diese Technologie viele Vorteile bietet, birgt sie auch potenzielle Gefahren, denen man sich bewusst sein muss, um Unfälle zu vermeiden und eine sichere Arbeitsumgebung zu gewährleisten.

Gefahren beim Laserschneiden:

Verbrennungsgefahr: Der Laserstrahl kann extrem heiß sein und zu Verbrennungen führen, wenn er direkt mit der Haut in Kontakt kommt. Dies gilt insbesondere für Hochleistungslaser, die zur Bearbeitung von Metallen eingesetzt werden.

Augenschäden: Laserstrahlen können die Netzhaut des Auges schädigen und dauerhafte Sehstörungen verursachen. Selbst kurze

Expositionen können zu ernsthaften Augenverletzungen führen, daher ist der Schutz der Augen mit geeigneter Schutzbrille unerlässlich.

Brandgefahr: Der Laserstrahl kann brennbare Materialien wie Holz, Kunststoff und Papier entzünden. Wenn der Schneideprozess nicht ordnungsgemäß überwacht wird oder wenn Funken entstehen, besteht die Gefahr von Bränden oder sogar Explosionen.

Gefahr durch giftige Dämpfe: Bestimmte Materialien, insbesondere Kunststoffe und beschichtete Metalle, können beim Schneiden giftige Dämpfe freisetzen. Einige dieser Dämpfe können gesundheitsschädlich sein und Atemwegsirritationen oder sogar schwerwiegende Gesundheitsprobleme verursachen.

Elektrische Gefahr: Hochleistungslaser erfordern eine erhebliche elektrische Leistung, was das Risiko von Stromschlägen und anderen elektrischen Gefahren erhöht. Darüber hinaus können beschädigte Kabel oder defekte elektrische Komponenten zu Kurzschlüssen oder Bränden führen.

Sicherheitsvorkehrungen beim Laserschneiden:

Persönliche Schutzausrüstung (PSA): Tragen Sie immer die entsprechende persönliche Schutzausrüstung, einschließlich Schutzbrille, Handschuhe und ggf. Atemschutzmaske. Diese schützen Sie vor Verbrennungen, Augenschäden und der Einatmung giftiger Dämpfe.

Arbeitsplatzgestaltung: Stellen Sie sicher, dass der Arbeitsbereich gut belüftet ist, um die Ansammlung von giftigen Dämpfen zu vermeiden. Halten Sie den Arbeitsbereich sauber und frei von brennbaren Materialien, um das Risiko von Bränden zu minimieren.

Maschinenwartung und Inspektion: Überprüfen Sie regelmäßig die Laseranlage und ihre Komponenten auf Beschädigungen oder Verschleiß. Halten Sie die Maschine sauber und ordnungsgemäß gewartet, um die Sicherheit und Leistungsfähigkeit zu gewährleisten.

Einhaltung der Herstelleranweisungen: Befolgen Sie stets die

Sicherheitsanweisungen und Empfehlungen des Herstellers für die sichere Bedienung der Laseranlage. Dies umfasst auch das richtige Einschalten und Ausschalten des Lasers sowie die Verwendung geeigneter Einstellungen für das Material, das Sie schneiden.

Schulung und Ausbildung: Stellen Sie sicher, dass alle Personen, die mit der Laseranlage arbeiten, eine gründliche Schulung und Einweisung erhalten haben. Sie sollten sich der potenziellen Gefahren bewusst sein und wissen, wie sie sicher mit der Maschine umgehen.

Notfallplan: Entwickeln Sie einen Notfallplan für den Fall eines Unfalls oder einer Störung. Dieser Plan sollte Verfahren für die Evakuierung des Arbeitsbereichs, die Erste Hilfe und die Kontaktaufnahme mit den Rettungsdiensten umfassen.

Durch die Umsetzung dieser Sicherheitsvorkehrungen können Sie das Risiko von Unfällen beim Laserschneiden erheblich reduzieren und eine sichere Arbeitsumgebung für sich selbst und Ihre Mitarbeiter schaffen.

Maßnahmen zur Minimierung von Risiken beim Umgang mit Lasergeräten für Privatpersonen:

Als Privatperson, die Lasergeräte in ihrem Hobbybereich verwendet, ist es wichtig, sich der potenziellen Gefahren bewusst zu sein und entsprechende Maßnahmen zu treffen, um Unfälle zu vermeiden und sicher zu arbeiten. Der Einsatz von Lasergeräten erfordert eine sorgfältige Planung, Vorbereitung und Durchführung, um ein sicheres Arbeitsumfeld zu gewährleisten. Hier sind einige einfache, aber effektive Sicherheitsvorkehrungen, die Sie beim Umgang mit Lasergeräten beachten sollten:

Einhaltung der Anweisungen des Herstellers:

Lesen Sie sorgfältig die Bedienungsanleitung und Sicherheitshinweise des Herstellers für das spezifische Lasergerät, das Sie verwenden.
Befolgen Sie alle Anweisungen zur sicheren Bedienung,

einschließlich des richtigen Einschaltens und Ausschaltens des Geräts.
Achten Sie darauf, dass Sie die maximal zulässige Leistung des Lasers nicht überschreiten und keine unsicheren Modifikationen am Gerät vornehmen.
Tragen der persönlichen Schutzausrüstung (PSA):

Tragen Sie immer eine Schutzbrille, um Ihre Augen vor dem Laserstrahl zu schützen. Wählen Sie eine Brille, die speziell für den Schutz vor Laserstrahlung geeignet ist und den entsprechenden Sicherheitsstandards entspricht.
Je nach Art des Lasergeräts und der verwendeten Materialien kann auch das Tragen von Handschuhen und Schutzkleidung erforderlich sein, insbesondere wenn Sie mit heißen oder scharfen Materialien arbeiten.
Sicherstellung eines sicheren Arbeitsbereichs:

Stellen Sie sicher, dass der Arbeitsbereich sauber, aufgeräumt und frei von Hindernissen ist, um Stolperfallen zu vermeiden.
Entfernen Sie alle brennbaren Materialien und entzündbaren Flüssigkeiten aus der unmittelbaren Nähe des Lasergeräts, um das Risiko von Bränden zu minimieren.
Stellen Sie sicher, dass keine unbeaufsichtigten Personen in der Nähe des Lasergeräts sind, insbesondere Kinder oder Haustiere, die versehentlich in den Laserstrahl geraten könnten.
Kontrolle des Laserstrahls:

Stellen Sie sicher, dass der Laserstrahl ordnungsgemäß ausgerichtet ist und nur auf das gewünschte Material gerichtet ist.
Vermeiden Sie direkten Kontakt mit dem Laserstrahl und halten Sie ihn von brennbaren Materialien fern.
Vermeiden Sie es, den Laserstrahl direkt anzusehen, auch nicht durch Reflexionen oder Spiegelungen, um Augenverletzungen zu vermeiden.
Vermeidung von Überhitzung:

Achten Sie darauf, das Lasergerät nicht über längere Zeit ununterbrochen zu verwenden, da dies zu Überhitzung führen kann.
Lassen Sie das Gerät zwischen den Anwendungen ausreichend abkühlen, um eine Überhitzung zu vermeiden.

Halten Sie das Lasergerät von direkter Sonneneinstrahlung und anderen Wärmequellen fern, um eine Überhitzung zu verhindern.
Schulung und Vorbereitung:

Nehmen Sie sich Zeit, sich mit dem Lasergerät vertraut zu machen und die grundlegenden Bedienungsschritte zu erlernen, bevor Sie es verwenden.
Wenn möglich, nehmen Sie an Schulungen oder Kursen teil, um sich über die sichere Handhabung von Lasergeräten zu informieren und praktische Erfahrungen zu sammeln.
Notfallplan:

Entwickeln Sie einen Notfallplan für den Fall eines Unfalls oder einer Störung. Stellen Sie sicher, dass Sie wissen, wie Sie das Gerät sicher ausschalten und bei Bedarf Erste Hilfe leisten können.
Halten Sie eine Liste mit Notfallkontakten und Standorten von Feuerlöschern und Erste-Hilfe-Kästen bereit, um im Notfall schnell reagieren zu können.
Verantwortungsvoller Einsatz:

Verwenden Sie das Lasergerät nur für die vorgesehenen Zwecke und halten Sie sich an die geltenden Gesetze und Vorschriften.
Vermeiden Sie den Einsatz des Geräts in unangemessenen oder unsicheren Situationen, wie beispielsweise in der Nähe von entzündbaren Materialien oder in stark frequentierten Bereichen.
Regelmäßige Wartung:

Führen Sie regelmäßig Wartungsarbeiten und Inspektionen an den Lasergeräten durch, um sicherzustellen, dass sie ordnungsgemäß funktionieren und sicher betrieben werden können.
Überprüfen Sie regelmäßig die Laserleistung, die Ausrichtung des Laserstrahls und die Funktion der Sicherheitssysteme, um mögliche Probleme frühzeitig zu erkennen und zu beheben.
Dokumentation:

Halten Sie eine umfassende Dokumentation aller Schulungen, Inspektionen und Wartungsarbeiten an den Lasergeräten sowie aller Vorfälle und Unfälle, die sich ereignen, auf.
Diese Dokumentation dient nicht nur zur Erfüllung gesetzlicher Anforderungen, sondern auch zur Überwachung der

Leistungsfähigkeit der Geräte und zur Identifizierung von Verbesserungsmöglichkeiten im Sicherheitsmanagement.

Indem Sie diese einfachen Sicherheitsvorkehrungen beachten und verantwortungsvoll mit Ihrem Lasergerät um

Auswahl des richtigen Lasergravurgeräts

Die Auswahl des richtigen Lasergravurgeräts ist ein entscheidender Schritt für jede Person oder Firma, die in die Welt der Lasergravur eintauchen möchte. Dabei ist es wichtig, die verschiedenen Arten von Lasergeräten zu verstehen, ihre Funktionen, Leistungsmerkmale und Anwendungsbereiche zu berücksichtigen. In diesem Kapitel werden die drei gängigsten Typen von Lasergravurgeräten besprochen: Diodenlaser, CO2-Laser und Faserlaser. Zusätzlich werden auch Infrarot-Lasermodule betrachtet und welche Anwendungen sie ermöglichen.

1. Diodenlaser:
Diodenlaser sind eine häufig gewählte Option für den Einstieg in die Lasergravur. Sie zeichnen sich durch ihre kompakte Bauweise, niedrige Betriebskosten und einfache Bedienung aus. Typischerweise haben Diodenlaser eine Leistung von 5 bis 70 Watt, was für viele Gravuranwendungen ausreichend ist. Sie eignen sich besonders gut für die Gravur von Holz, Kunststoffen und einigen Metallen wie Aluminium oder eloxiertem Aluminium. Durch ihre geringe Leistung sind sie jedoch weniger geeignet für tiefe Gravuren oder das Schneiden von dickeren Materialien.

Diodenlaser arbeiten typischerweise mit einer Wellenlänge im Bereich von 445 bis 1064 Nanometer, abhängig vom Typ und Modell des Geräts. Diese Wellenlängen sind besonders effektiv für die Gravur von nicht-metallischen Materialien wie Holz, Kunststoffen und Acryl.

2. CO2-Laser:
CO2-Laser sind leistungsfähigere Geräte mit einer Leistung von etwa 40 bis 130 Watt. Sie sind vielseitig einsetzbar und können eine breite Palette von Materialien gravieren und schneiden, einschließlich Holz, Acryl, Leder, Papier, Karton und dünnen Metallen. Die höhere Leistung ermöglicht tiefere Gravuren und das Schneiden von dickeren Materialien. CO2-Laser sind eine gute Wahl

für den Einsatz in Werkstätten, Fabriken und anderen industriellen Umgebungen, wo große Arbeitsflächen und hohe Produktionskapazitäten gefragt sind.

CO_2-Laser arbeiten mit einer Wellenlänge von etwa 10.6 Mikrometer (µm), was sie besonders effektiv für die Bearbeitung von nicht-metallischen Materialien macht. Diese Wellenlänge wird von den meisten organischen Materialien, wie Holz, Papier, Kunststoffen und Textilien, gut absorbiert, was zu schnellen und präzisen Gravuren führt.

3. Faserlaser:
Faserlaser sind eine fortschrittlichere Art von Lasergravurgeräten, die auf einer anderen Technologie basieren als Dioden- und CO_2-Laser. Sie nutzen eine Faser als aktives Medium, um Laserlicht zu erzeugen, und sind bekannt für ihre hohe Energieeffizienz und Präzision. Faserlaser haben eine breite Palette von Wellenlängen, die von Ultraviolett bis Infrarot reichen. Sie werden häufig für das Gravieren von Metallen wie Edelstahl, Aluminium, Kupfer und Messing verwendet, aber auch für die Kennzeichnung von Kunststoffen und anderen Materialien. Faserlaser bieten eine hohe Gravurgeschwindigkeit und eine ausgezeichnete Auflösung, sind jedoch in der Regel teurer als Dioden- und CO_2-Laser.

Die Wellenlänge eines Faserlasers hängt von der spezifischen Art der Faser und den verwendeten Dotierstoffen ab. Typischerweise liegen die Wellenlängen von Faserlasern im Bereich von etwa 1.06 bis 1.07 Mikrometer (µm), was sie besonders effektiv für die Bearbeitung von Metallen macht. Diese Wellenlängen werden von den meisten Metallen gut absorbiert, was zu schnellen und präzisen Gravuren führt.

4. Infrarot-Lasermodule:
Infrarot-Lasermodule sind kompakte, leistungsstarke Laserquellen, die für spezielle Anwendungen entwickelt wurden. Sie haben typischerweise eine Leistung von 2 bis 3 Watt und arbeiten im Infrarotbereich des elektromagnetischen Spektrums. Diese Module können als Zusatzkomponenten für Diodenlaser verwendet werden, um deren Leistung und Anwendungsbereich zu erweitern. Infrarot-Laser werden oft für das Schneiden von dünnen Materialien wie

Papier, Karton, Gewebe und dünnen Kunststoffen eingesetzt.

Die Wellenlänge von Infrarot-Lasern hängt von der spezifischen Art des Lasermaterials und der verwendeten Dotierstoffe ab. Typischerweise liegen die Wellenlängen von Infrarot-Lasern im Bereich von etwa 800 bis 1100 Nanometer (nm), was sie besonders effektiv für die Bearbeitung von nicht-metallischen Materialien macht. Diese Wellenlängen werden von den meisten organischen Materialien gut absorbiert, was zu schnellen und präzisen Gravuren führt.

Anwendungen und Materialien:
Diodenlaser: Geeignet für die Gravur von Holz, Kunststoffen, einigen Metallen und dünnen Materialien. Weniger geeignet für tiefe Gravuren oder das Schneiden von dicken Materialien.
CO2-Laser: Vielseitig einsetzbar für die Gravur und das Schneiden von einer breiten Palette von Materialien wie Holz, Acryl, Leder, Papier, Karton und dünnen Metallen.
Faserlaser: Hauptsächlich für das Gravieren von Metallen wie Edelstahl, Aluminium, Kupfer und Messing verwendet, bieten aber auch hohe Präzision und Geschwindigkeit bei der Gravur von Kunststoffen und anderen Materialien.
Infrarot-Lasermodule: Ideal für das Schneiden von dünnen Materialien wie Papier, Karton, Gewebe und dünnen Kunststoffen. Durch das Verständnis der verschiedenen Arten von Lasergravurgeräten und ihrer Anwendungsbereiche können Sie die beste Option für Ihre spezifischen Bedürfnisse auswählen. Berücksichtigen Sie dabei Faktoren wie Materialien, die Sie gravieren oder schneiden möchten, die gewünschte Gravurtiefe und die verfügbare Arbeitsfläche. Eine sorgfältige Evaluierung der verschiedenen Optionen wird Ihnen dabei helfen, das richtige Lasergravurgerät zu finden, das Ihre Anforderungen am besten erfüllt.

1. Diodenlaser:
Vorteile:

Kompakte Bauweise und einfache Bedienung: Diodenlaser sind in der Regel kompakt und einfach zu bedienen, was sie ideal für den Einsatz in kleinen Werkstätten, Büros oder sogar zu Hause macht. Ihre geringe Größe ermöglicht es auch, sie bei Bedarf zu transportieren oder zu lagern.

Niedrige Betriebskosten und geringer Energieverbrauch: Diodenlaser benötigen im Vergleich zu anderen Lasergravurgeräten weniger Energie, was zu niedrigeren Betriebskosten führt. Dies macht sie besonders attraktiv für Hobbyanwender oder kleine Unternehmen mit begrenztem Budget.

Gute Wahl für Einsteiger und Hobbyanwender: Aufgrund ihrer einfachen Bedienung und niedrigen Betriebskosten sind Diodenlaser eine beliebte Wahl für Einsteiger und Hobbyanwender, die in die Welt der Lasergravur einsteigen möchten.

Geeignet für die Gravur von nicht-metallischen Materialien: Diodenlaser sind besonders gut für die Gravur von nicht-metallischen Materialien wie Holz, Kunststoffen und einigen Metallen geeignet. Sie können präzise und detaillierte Gravuren auf einer Vielzahl von Oberflächen erzeugen.

Nachteile:

Begrenzte Leistung (typischerweise 5 bis 70 Watt): Diodenlaser haben in der Regel eine geringere Leistung im Vergleich zu anderen Lasergravurgeräten wie CO2-Lasern oder Faserlasern. Dies kann ihre Einsatzmöglichkeiten einschränken, insbesondere wenn es um das Schneiden von dickeren Materialien oder das Erzeugen tiefer Gravuren geht.

Weniger geeignet für tiefe Gravuren oder das Schneiden von dicken Materialien: Aufgrund ihrer geringeren Leistung sind Diodenlaser weniger geeignet für tiefe Gravuren oder das Schneiden von dicken Materialien im Vergleich zu leistungsstärkeren Lasergravurgeräten.

Begrenzte Anwendungsbereiche im Vergleich zu CO2- und Faserlasern: Diodenlaser sind aufgrund ihrer geringeren Leistung und ihrer spezifischen Wellenlängen weniger vielseitig einsetzbar als CO2- und Faserlasern. Sie eignen sich hauptsächlich für die Gravur von nicht-metallischen Materialien und haben begrenzte Anwendungsbereiche für andere Materialien.

Höhere Betriebskosten bei längeren Betriebszeiten: Obwohl Diodenlaser niedrigere Betriebskosten haben als andere Lasergravurgeräte, können sich die Betriebskosten bei längeren Betriebszeiten aufgrund ihrer geringeren Effizienz im Vergleich zu

CO2-Lasern summieren.

Möglichkeit, Gravurköpfe zu wechseln: Einige Diodenlasermodelle bieten die Möglichkeit, Gravurköpfe zu wechseln, um die Funktionalität des Geräts zu erweitern. Dies ermöglicht es Benutzern, verschiedene Arten von Gravuren mit einem einzigen Gerät durchzuführen, indem sie unterschiedliche Gravurköpfe je nach Bedarf verwenden.

2. CO2-Laser:

Vorteile:

Vielseitig einsetzbar für eine breite Palette von Materialien: CO2-Laser sind für die Gravur und das Schneiden einer breiten Palette von Materialien geeignet, einschließlich Holz, Acryl, Leder, Papier, Karton und dünnen Metallen. Ihre hohe Leistung ermöglicht tiefere Gravuren und das Schneiden von dicken Materialien.

Große Arbeitsfläche und hohe Produktionskapazität: CO2-Laser bieten oft eine große Arbeitsfläche und hohe Produktionskapazität, was sie ideal für den Einsatz in Werkstätten, Fabriken und anderen industriellen Umgebungen macht.

Effiziente Gravur von nicht-metallischen Materialien: CO2-Laser sind besonders effizient bei der Gravur von nicht-metallischen Materialien wie Holz, Acryl, Leder, Papier und Karton.

Nachteile:

Höhere Betriebskosten und Energieverbrauch: CO2-Laser haben im Vergleich zu Diodenlasern höhere Betriebskosten und einen höheren Energieverbrauch, was ihre Gesamtbetriebskosten erhöht.

Größere Bauweise und komplexere Bedienung: CO2-Laser sind in der Regel größer und komplexer als Diodenlaser, was ihre Bedienung und Wartung komplizierter machen kann.

Höhere Anschaffungskosten: CO2-Laser haben in der Regel höhere Anschaffungskosten als Diodenlaser aufgrund ihrer höheren Leistung und Arbeitsfläche.

Nicht so gut geeignet für die Gravur von Metallen wie Faserlaser: Obwohl CO2-Laser eine Vielzahl von Materialien gravieren und schneiden können, sind sie nicht so gut geeignet für die Gravur von Metallen wie Faserlaser.

3. Faserlaser:

Vorteile:

14

Hohe Energieeffizienz und Präzision: Faserlaser bieten eine hohe Energieeffizienz und Präzision, was sie ideal für die Gravur von Metallen wie Edelstahl, Aluminium, Kupfer und Messing macht.
Breites Anwendungsspektrum für die Gravur von Metallen: Faserlaser haben ein breites Anwendungsspektrum für die Gravur von Metallen, was sie ideal für den Einsatz in industriellen Umgebungen macht.
Schnelle und präzise Gravur: Faserlaser bieten schnelle und präzise Gravuren auch bei komplexen Designs.
Nachteile:

Höhere Anschaffungskosten: Faserlaser haben in der Regel höhere Anschaffungskosten als Dioden- und CO2-Laser aufgrund ihrer fortschrittlicheren Technologie.
Begrenzter Anwendungsbereich für die Gravur von nicht-metallischen Materialien: Obwohl Faserlaser eine breite Palette von Metallen gravieren können, haben sie einen begrenzten Anwendungsbereich für die Gravur von nicht-metallischen Materialien im Vergleich zu CO2-Lasern.
Komplexere Bedienung und Wartung: Faserlaser erfordern eine komplexere Bedienung und Wartung aufgrund der empfindlichen Faserkomponenten.

Sicherheitsvorkehrungen und -richtlinien für Lasergravurgeräte

Die Verwendung von Lasergravurgeräten erfordert das Einhalten strenger Sicherheitsvorkehrungen und Richtlinien, um Unfälle zu vermeiden und die Gesundheit der Benutzer zu schützen. In diesem

Kapitel werden die Sicherheitsvorkehrungen und Richtlinien für den Betrieb von Lasergravurgeräten in Deutschland, Österreich und der Schweiz detailliert erläutert.

1. Sicherheitsvorkehrungen für Deutschland:

In Deutschland gelten strenge Sicherheitsstandards für den Betrieb von Lasergravurgeräten gemäß der Arbeitsstättenverordnung und der Technischen Regeln für Gefahrstoffe (TRGS) 527 "Laserstrahlung". Zu den wichtigsten Sicherheitsvorkehrungen gehören:

Schutzbrille: Tragen Sie immer eine geeignete Schutzbrille, die für die Wellenlänge des Lasers geeignet ist, um Augenschäden zu vermeiden.

Zugangsbeschränkung: Beschränken Sie den Zugang zum Arbeitsbereich des Lasergravurgeräts, um Unbefugten den Zutritt zu verhindern.

Laserklassifizierung: Achten Sie auf die richtige Klassifizierung des Lasers gemäß der europäischen Norm EN 60825 und kennzeichnen Sie den Laser entsprechend.

Arbeitsbereich: Halten Sie den Arbeitsbereich sauber und ordentlich, um Stolperfallen zu vermeiden und eine sichere Arbeitsumgebung zu gewährleisten.

Not-Aus-Schalter: Stellen Sie sicher, dass das Lasergravurgerät über einen gut erreichbaren Not-Aus-Schalter verfügt, um im Notfall den Laserstrahl sofort zu deaktivieren.

2. Sicherheitsvorkehrungen für Österreich:

In Österreich gelten ähnliche Sicherheitsstandards für den Betrieb von Lasergravurgeräten gemäß der Arbeitsstättenverordnung und der Verordnung über den Schutz der Beschäftigten vor Gefährdungen durch künstliche optische Strahlung (OStrV). Zu den wichtigsten Sicherheitsvorkehrungen gehören:

Gefährdungsbeurteilung: Führen Sie eine Gefährdungsbeurteilung durch, um potenzielle Risiken zu identifizieren und geeignete Sicherheitsmaßnahmen zu treffen.

Schulung der Mitarbeiter: Schulen Sie alle Mitarbeiter, die mit dem Lasergravurgerät arbeiten, im sicheren Umgang mit dem Gerät und den entsprechenden Sicherheitsvorkehrungen.

Kennzeichnung: Kennzeichnen Sie den Arbeitsbereich des

Lasergravurgeräts deutlich und informieren Sie über potenzielle Gefahren.
Sicherheitsabstand: Halten Sie einen angemessenen Sicherheitsabstand zum Lasergravurgerät ein, um Verletzungen durch Laserstrahlung zu vermeiden.
Persönliche Schutzausrüstung: Stellen Sie allen Mitarbeitern geeignete persönliche Schutzausrüstung wie Schutzbrillen und Schutzhandschuhe zur Verfügung.
3. Sicherheitsvorkehrungen für die Schweiz:
In der Schweiz sind die Sicherheitsstandards für den Betrieb von Lasergravurgeräten in der Verordnung über den Schutz vor nichtionisierender Strahlung (NISV) und der Verordnung über die Verhütung von Unfällen und Berufskrankheiten (VUV) festgelegt. Zu den wichtigsten Sicherheitsvorkehrungen gehören:

Grenzwerte für Exposition: Beachten Sie die festgelegten Grenzwerte für die Exposition gegenüber Laserstrahlung gemäß der NISV.
Geeignete Abschirmung: Stellen Sie sicher, dass der Arbeitsbereich des Lasergravurgeräts angemessen abgeschirmt ist, um die Exposition gegenüber Laserstrahlung zu minimieren.
Regelmäßige Wartung: Führen Sie regelmäßige Wartungs- und Inspektionsarbeiten am Lasergravurgerät durch, um sicherzustellen, dass es ordnungsgemäß funktioniert und potenzielle Sicherheitsrisiken minimiert werden.
Einhaltung von Vorschriften: Halten Sie alle geltenden Vorschriften und Richtlinien für den Betrieb von Lasergravurgeräten in der Schweiz ein, um Unfälle zu vermeiden und die Gesundheit der Benutzer zu schützen.

Die Auswahl des geeigneten Materials ist entscheidend für erfolgreiche Lasergravurprojekte im Hobbybereich. Dieses Kapitel bietet eine ausführliche Übersicht über verschiedene Materialien, ihre Eigenschaften, Vorbereitungsmethoden und Anwendungen.

1. Holz:
Eigenschaften: Holz ist eines der vielseitigsten Materialien für die Lasergravur. Es ist in verschiedenen Holzarten und Dicken erhältlich,

was eine breite Palette von Anwendungsmöglichkeiten ermöglicht.
Dünne Holzarten wie Sperrholz eignen sich gut für detaillierte
Gravuren, während dickere Holzarten wie Eichenholz robustere
Projekte ermöglichen.

Vorbereitung: Vor der Gravur sollte das Holz entsprechend seiner
Dicke vorbereitet werden. Dünne Holzarten können direkt graviert
werden, während dickere Holzarten möglicherweise vorab geglättet
oder geschnitten werden müssen.

Anwendungen: Holz eignet sich ideal für die Herstellung von
Schildern, Bilderrahmen, Schmuck, Spielzeug,
Dekorationsgegenständen und vielem mehr.

2. Leder:
Eigenschaften: Leder ist ein hochwertiges und langlebiges Material,
das sich für die Lasergravur eignet. Es ist in verschiedenen Dicken
erhältlich, von dünnem Leder für filigrane Gravuren bis hin zu dickem
Leder für robustere Projekte.

Vorbereitung: Vor der Gravur sollte das Leder entsprechend seiner
Dicke vorbereitet werden. Dünnes Leder kann direkt graviert werden,
während dickes Leder möglicherweise vorab geglättet oder
geschnitten werden muss.

Anwendungen: Leder eignet sich ideal für die Herstellung von
Geldbörsen, Gürteln, Armbändern, Schlüsselanhängern und anderen
personalisierten Accessoires.

3. Filz:
Eigenschaften: Filz ist ein weiches und flexibles Material, das sich
gut für die Lasergravur eignet. Es ist in verschiedenen Dicken
erhältlich, von dünnem Filz für filigrane Gravuren bis hin zu dickem
Filz für robustere Projekte.

Vorbereitung: Vor der Gravur sollte der Filz entsprechend seiner
Dicke vorbereitet werden. Dünner Filz kann direkt graviert werden,
während dicker Filz möglicherweise vorab geglättet oder geschnitten
werden muss.

18

Anwendungen: Filz eignet sich ideal für die Herstellung von Untersetzer, Taschen, Dekorationsgegenständen, Anhängern und anderen personalisierten Accessoires.

4. Kunststoff:

Eigenschaften: Kunststoff ist ein vielseitiges Material, das sich für die Lasergravur eignet. Es ist in verschiedenen Dicken erhältlich, von dünnem Acrylglas für filigrane Gravuren bis hin zu dickem Kunststoff für robustere Projekte.

Vorbereitung: Vor der Gravur sollte der Kunststoff entsprechend seiner Dicke vorbereitet werden. Dünner Kunststoff kann direkt graviert werden, während dicker Kunststoff möglicherweise vorab geglättet oder geschnitten werden muss.

Anwendungen: Kunststoff eignet sich ideal für die Herstellung von Schildern, Displays, Schmuck, Spielzeug, Dekorationsgegenständen und anderen personalisierten Projekten.

5. Metall:

Eigenschaften: Metall ist ein robustes und langlebiges Material, das sich für die Lasergravur eignet. Es ist in verschiedenen Dicken erhältlich, von dünnem Edelstahl für filigrane Gravuren bis hin zu dickem Metall für robustere Projekte.

Vorbereitung: Vor der Gravur sollte das Metall entsprechend seiner Dicke vorbereitet werden. Dünnes Metall kann direkt graviert werden, während dickes Metall möglicherweise vorab gereinigt, beschichtet oder behandelt werden muss.

Anwendungen: Metall eignet sich ideal für die Herstellung von Schmuck, Schlüsselanhängern, Namensschildern, Firmenlogos, dekorativen Elementen und anderen hochwertigen Projekten.

Die richtige Auswahl und Vorbereitung des Materials ist entscheidend für den Erfolg Ihrer Lasergravurprojekte im Hobbybereich. Indem Sie die einzigartigen Eigenschaften jedes Materials verstehen und die richtigen Vorbereitungs- und Gravurtechniken anwenden, können Sie beeindruckende und hochwertige Ergebnisse erzielen.

ACHTUNG: Einsatz von CO2-Lasern erforderlich für Acrylglas-Schneiden

Es ist wichtig zu beachten, dass Acrylglas, auch bekannt als Plexiglas, spezifische Anforderungen für die Bearbeitung mit Lasergravurgeräten hat. Während viele Materialien mit verschiedenen Laserarten bearbeitet werden können, erfordert das Schneiden von Acrylglas die Verwendung eines CO2-Lasers und ist nicht mit einem Diodenlaser möglich.

Acrylglas reagiert auf die spezifische Wellenlänge des CO2-Lasers, um präzise Schnitte zu erzielen und ein sauberes Finish zu gewährleisten. Ein Diodenlaser ist nicht in der Lage, Acrylglas effektiv zu schneiden, da er nicht die erforderliche Wellenlänge oder Leistung für diese Aufgabe bietet.

Daher ist es wichtig, die Kompatibilität des verwendeten Lasers mit dem Material zu überprüfen und sicherzustellen, dass ein CO2-Laser für das Schneiden von Acrylglas verwendet wird, um optimale Ergebnisse zu erzielen und potenzielle Schäden am Material zu vermeiden.

Software und Designgrundlagen für die Lasergravur

Die Auswahl der richtigen Software ist von entscheidender Bedeutung für den Erfolg Ihrer Lasergravurprojekte. In diesem Kapitel werden verschiedene Softwareoptionen für das Laserschneiden und die Designgrundlagen ausführlich behandelt, wobei besonderes Augenmerk auf LightBurn als eine der führenden kostenpflichtigen Optionen sowie auf kostenfreie Alternativen von Laserherstellern und freie Software gelegt wird.

1. LightBurn:
Beschreibung: LightBurn ist eine professionelle Software für das Laserschneiden und die Lasergravur, die von vielen als die beste Software in ihrem Bereich angesehen wird. Sie bietet eine breite Palette von Funktionen und Werkzeugen für das Entwerfen, Bearbeiten und Steuern von Lasergravurprojekten.

Funktionen: LightBurn unterstützt eine Vielzahl von Dateiformaten wie SVG, DXF, AI und mehr. Es bietet Werkzeuge zum Zeichnen von Vektorgrafiken, zum Bearbeiten von Texten, zum Gravieren und Schneiden von Designs sowie zur Feineinstellung von Schneideeinstellungen wie Geschwindigkeit, Leistung und Frequenz.

Kosten: LightBurn ist eine kostenpflichtige Software, die jedoch eine kostenlose Testversion anbietet. Nach Ablauf der Testversion ist der Kauf einer Lizenz erforderlich. Die Preisgestaltung variiert je nach Nutzungsdauer und Art der Lizenz.

2. Kostenfreie Alternativen von Laserherstellern:
Beschreibung: Viele Hersteller von Lasergravurmaschinen bieten ihren Kunden kostenfreie Softwarelösungen an. Diese Softwareoptionen sind oft speziell auf die jeweiligen Lasergeräte zugeschnitten und bieten grundlegende Funktionen zum Entwerfen und Steuern von Lasergravurprojekten.

Beispiele: Einige Beispiele für kostenfreie Software von

Laserherstellern sind RDWorks für Ruida-Laser, LaserGRBL für GRBL-Laser und K40 Whisperer für K40-Laser. Diese Softwarelösungen bieten grundlegende Funktionen zum Importieren von Dateien, zum Einstellen von Schneideparametern und zum Steuern der Lasergravurmaschine.

3. Freie Software:
Beschreibung: Neben den kostenpflichtigen und kostenfreien Softwareoptionen von Laserherstellern gibt es eine Vielzahl von freien Softwarelösungen für das Laserschneiden und die Lasergravur. Diese Open-Source-Software bietet eine breite Palette von Funktionen und ist kostenfrei verfügbar.

Beispiele: Einige Beispiele für freie Software für das Laserschneiden und die Lasergravur sind Inkscape, eine vektorbasierte Designsoftware, und Laserweb, eine Open-Source-Software für das Laserschneiden und die CNC-Bearbeitung. Diese Softwareoptionen bieten eine Vielzahl von Funktionen zum Entwerfen, Bearbeiten und Steuern von Lasergravurprojekten.

Die Auswahl der richtigen Software hängt von Ihren individuellen Anforderungen, Ihrem Budget und Ihren technischen Fähigkeiten ab. Durch die Evaluierung verschiedener Softwareoptionen können Sie die beste Lösung für Ihre Lasergravurprojekte finden und beeindruckende Ergebnisse erzielen.

Kapitel: Praktische Tipps für effektive Designs in der Lasergravur
Die Gestaltung effektiver Designs ist entscheidend für den Erfolg Ihrer Lasergravurprojekte. In diesem umfassenden Kapitel werden eine Vielzahl praktischer Tipps, Techniken und bewährter Methoden für die Erstellung von Designs behandelt, die speziell für die Lasergravur optimiert sind. Diese Tipps decken verschiedene Aspekte der Designvorbereitung, Materialauswahl und kreativen Gestaltung ab, um sicherzustellen, dass Ihre Lasergravurprojekte beeindruckende Ergebnisse erzielen.

1. Verwendung von Vektorgrafiken:
Die Verwendung von Vektorgrafiken ist entscheidend für die Lasergravur, da sie skalierbar sind und eine hohe Auflösung bieten.

Vektorgrafiken sind ideal für die Lasergravur, da sie klare Linien und Formen erzeugen, die für präzise und detailreiche Gravuren erforderlich sind. Programme wie Adobe Illustrator, CorelDRAW und Inkscape bieten eine breite Palette von Werkzeugen zur Erstellung und Bearbeitung von Vektorgrafiken, die sich hervorragend für die Lasergravur eignen.

2. Berücksichtigung der Materialstärke:
Die Materialstärke spielt eine wichtige Rolle bei der Lasergravur und sollte bei der Designvorbereitung berücksichtigt werden. Unterschiedliche Materialien haben unterschiedliche Stärken, die sich auf die Tiefe und Intensität der Gravur auswirken können. Es ist wichtig, die Stärke des verwendeten Materials zu berücksichtigen und die Einstellungen des Lasergravurgeräts entsprechend anzupassen, um optimale Ergebnisse zu erzielen.

3. Kontrastreiche Designs:
Kontrastreiche Designs sind besonders wirkungsvoll in der Lasergravur, da sie deutlich sichtbar und leicht lesbar sind. Bei der Gestaltung von Lasergravurprojekten ist es empfehlenswert, Designs mit starkem Kontrast zu verwenden, um eine klare und ansprechende Gravur zu erzielen. Durch die Auswahl von hellen Designs auf dunklen Materialien oder dunklen Designs auf hellen Materialien können Sie einen starken Kontrast erzeugen, der die Gravur deutlich hervorhebt.

4. Feinheiten und Details:
Feinheiten und Details sind entscheidend für die Qualität und Ästhetik der Lasergravur. Achten Sie bei der Gestaltung Ihrer Designs auf feine Details und kleine Elemente, um eine hohe Qualität und Präzision zu gewährleisten. Subtile Texturen, klare Konturen und feine Linien können Ihre Designs aufwerten und ihnen eine professionelle Optik verleihen.

5. Testen und Anpassen:
Das Testen und Anpassen Ihrer Designs ist ein wesentlicher Schritt, um optimale Ergebnisse in der Lasergravur zu erzielen. Führen Sie Testgravuren durch, um die besten Einstellungen für Ihr Material zu ermitteln, und passen Sie Ihre Designs entsprechend an. Experimentieren Sie mit verschiedenen Leistungseinstellungen,

Geschwindigkeiten und Schneidemustern, um die gewünschten Ergebnisse zu erzielen.

6. Kreativität und Experimentieren:
Die Lasergravur bietet eine Vielzahl von Möglichkeiten für kreative Gestaltungsideen und Experimente. Seien Sie kreativ und experimentieren Sie mit verschiedenen Designs, Techniken und Materialien, um einzigartige und ansprechende Lasergravurprojekte zu schaffen. Denken Sie außerhalb der Box und lassen Sie Ihrer Kreativität freien Lauf, um beeindruckende und einzigartige Kunstwerke zu erstellen.

7. Anpassung an verschiedene Materialien:
Bei der Gestaltung von Lasergravurprojekten ist es wichtig, die Eigenschaften verschiedener Materialien zu berücksichtigen und Ihre Designs entsprechend anzupassen. Unterschiedliche Materialien reagieren unterschiedlich auf die Lasergravur, daher ist es wichtig, die Einstellungen und Parameter entsprechend anzupassen, um optimale Ergebnisse zu erzielen. Experimentieren Sie mit verschiedenen Materialien wie Holz, Glas, Acryl und Metall, um die Vielseitigkeit der Lasergravur zu erkunden und einzigartige Effekte zu erzielen.

8. Nutzung von Vorlagen und Mustern:
Die Verwendung von Vorlagen und Mustern kann Ihnen bei der Gestaltung von Lasergravurprojekten helfen, indem sie Ihnen eine Grundlage bieten, auf der Sie aufbauen können. Suchen Sie nach Vorlagen und Mustern online oder erstellen Sie Ihre eigenen, um Ihre Designideen zu unterstützen und die Effizienz Ihrer Arbeitsabläufe zu steigern. Vorlagen und Muster können als Ausgangspunkt für Ihre Designs dienen und Ihnen helfen, Zeit zu sparen und gleichzeitig kreative und ansprechende Ergebnisse zu erzielen.

9. Berücksichtigung von Texturen und Oberflächen:
Die Berücksichtigung von Texturen und Oberflächen kann einen wichtigen Einfluss auf die Lasergravur haben und zu interessanten und einzigartigen Effekten führen. Experimentieren Sie mit verschiedenen Texturen und Oberflächen, um Ihre Lasergravurprojekte zu verbessern und ihnen eine zusätzliche

Dimension und Tiefe zu verleihen. Verwenden Sie Texturen wie Holzmaserung, Steinstrukturen oder metallische Oberflächen, um Ihren Designs eine realistische und ansprechende Optik zu verleihen.

10. Beachtung von Kontrasten und Schattierungen:
Kontraste und Schattierungen können eine wichtige Rolle bei der Lasergravur spielen und zu beeindruckenden und ansprechenden Ergebnissen führen. Achten Sie bei der Gestaltung Ihrer Designs auf klare Kontraste und Schattierungen, um eine deutliche Trennung zwischen den verschiedenen Elementen Ihrer Gravur zu erzielen. Experimentieren Sie mit verschiedenen Farben, Schattierungen und Kontrasten, um interessante und dynamische Effekte zu erzielen, die Ihre Lasergravurprojekte aufwerten und verbessern.

11. Einsatz von Farben und Farbverläufen:
Der Einsatz von Farben und Farbverläufen kann Ihre Lasergravurprojekte auf ein neues Niveau heben und ihnen eine zusätzliche visuelle Dimension verleihen. Experimentieren Sie mit verschiedenen Farben und Farbverläufen, um Ihre Designs zu verbessern und ihnen eine lebendige und dynamische Optik zu verleihen. Verwenden Sie Farben, um bestimmte Bereiche Ihrer Gravur hervorzuheben oder um interessante visuelle Effekte zu erzielen, die Ihre Designs auffällig und ansprechend machen.

12. Optimierung von Schnitt- und Gravureinstellungen:
Die Optimierung von Schnitt- und Gravureinstellungen ist entscheidend für die Qualität und Präzision Ihrer Lasergravurprojekte. Experimentieren Sie mit verschiedenen Schnitt- und Gravureinstellungen, um die besten Ergebnisse für Ihr Material und Ihre Designvorstellungen zu erzielen. Passen Sie die Leistung, Geschwindigkeit, Frequenz und andere Parameter entsprechend an, um optimale Ergebnisse zu erzielen und Ihre Lasergravurprojekte auf das nächste Level zu heben.

13. Anpassung an die Zielgruppe:
Die Anpassung Ihrer Designs an die Zielgruppe ist ein wichtiger Aspekt der Lasergravur, der oft übersehen wird. Berücksichtigen Sie bei der Gestaltung Ihrer Designs die Interessen, Vorlieben und Bedürfnisse Ihrer Zielgruppe, um ansprechende und relevante

Lasergravurprojekte zu erstellen. Experimentieren Sie mit verschiedenen Stilen, Themen und Designs, um Ihre Zielgruppe anzusprechen und ihnen maßgeschneiderte und ansprechende Produkte anzubieten.

14. Bewerbung und Vermarktung:
Die Bewerbung und Vermarktung Ihrer Lasergravurprojekte ist entscheidend für ihren Erfolg und ihre Sichtbarkeit. Nutzen Sie verschiedene Kanäle und Plattformen, um Ihre Produkte zu bewerben und zu vermarkten, darunter Social-Media-Plattformen, Online-Marktplätze und lokale Veranstaltungen. Erstellen Sie ansprechende Produktbilder und Beschreibungen, um Ihr Angebot zu präsentieren und potenzielle Kunden anzusprechen. Engagieren Sie sich aktiv in der Community und vernetzen Sie sich mit anderen Künstlern und Herstellern, um Ihre Reichweite zu erhöhen und Ihre Lasergravurprojekte bekannt zu machen.

Fazit:
Die Gestaltung effektiver Designs für die Lasergravur erfordert Kreativität, Experimentierfreude und ein Verständnis für die spezifischen Anforderungen und Möglichkeiten dieses Mediums. Indem Sie die oben genannten Tipps und Techniken anwenden und Ihre eigenen kreativen Ideen einbringen, können Sie beeindruckende und einzigartige Lasergravurprojekte erstellen, die Ihre individuelle Handschrift tragen und Ihr Publikum begeistern.

Mit einer sorgfältigen Planung, Vorbereitung und Umsetzung können Sie Ihre Designs auf das nächste Level heben und Ihre Lasergravurprojekte zu echten Kunstwerken machen. Nutzen Sie die Vielseitigkeit und das Potenzial der Lasergravur, um Ihre kreativen Visionen zum Leben zu erwecken und einzigartige Kunstwerke zu schaffen, die Ihre Persönlichkeit und Ihr Können widerspiegeln.

Kapitel: Fehleranalyse und -behebung in der Lasergravur
Die Lasergravur ist eine präzise Technik, aber sie ist nicht fehlerfrei. In diesem umfassenden Kapitel werden häufige Fehlerquellen bei der Lasergravur identifiziert und praktische Lösungen für ihre Behebung vorgeschlagen. Es ist wichtig, die Ursachen von Fehlern

zu verstehen und entsprechende Maßnahmen zu ergreifen, um die Qualität Ihrer Lasergravurprojekte zu verbessern.

1. Fehlerquellen identifizieren:

Bevor Sie mit der Fehlerbehebung beginnen, ist es wichtig, die verschiedenen Fehlerquellen bei der Lasergravur zu identifizieren. Dazu gehören Probleme wie unscharfe Gravuren, ungleichmäßige Schnitte, Rauchrückstände auf dem Material und unerwartete Unterbrechungen des Gravurprozesses. Durch eine gründliche Analyse können Sie die Ursachen für diese Probleme ermitteln und gezielte Maßnahmen zur Fehlerbehebung ergreifen.

2. Ursachen verstehen:

Ein grundlegendes Verständnis der Ursachen von Fehlern ist entscheidend für ihre effektive Behebung. Fehlerelemente können durch verschiedene Faktoren verursacht werden, darunter falsche Einstellungen des Lasergravurgeräts, ungeeignete Materialien, Verschmutzungen oder Beschädigungen am Gravurmaterial und Probleme mit der Software oder Hardware des Gravursystems. Durch die Identifizierung der spezifischen Ursachen können Sie gezielte Maßnahmen zur Fehlerbehebung einleiten.

3. Lösungen anwenden:

Nachdem die Ursachen für die Fehler identifiziert wurden, können entsprechende Lösungen angewendet werden. Dies kann die Anpassung der Einstellungen des Lasergravurgeräts, die Verwendung geeigneter Materialien, die Reinigung oder Reparatur des Gravurmaterials und die Aktualisierung oder Neukonfiguration der Gravursoftware oder -hardware umfassen. Es ist wichtig, die Lösungen systematisch und sorgfältig umzusetzen, um die gewünschten Ergebnisse zu erzielen.

4. Testen und Überprüfen:

Nach der Anwendung von Lösungen ist es wichtig, die Ergebnisse durch Tests und Überprüfungen zu validieren. Führen Sie Testgravuren durch, um die Wirksamkeit der angewendeten Lösungen zu überprüfen und sicherzustellen, dass die Fehler behoben wurden. Überwachen Sie den Gravurprozess sorgfältig und achten Sie auf etwaige Anzeichen für wiederkehrende Probleme. Bei Bedarf können weitere Anpassungen oder Maßnahmen erforderlich sein, um die Qualität der Lasergravur zu verbessern.

5. Vorbeugende Maßnahmen treffen:
Neben der Fehlerbehebung ist es wichtig, vorbeugende Maßnahmen zu treffen, um zukünftige Fehler zu vermeiden. Dies kann die regelmäßige Wartung und Reinigung des Lasergravurgeräts, die Verwendung hochwertiger Materialien, die Überprüfung und Aktualisierung der Gravursoftware und -hardware sowie die Schulung der Bediener des Gravursystems umfassen. Durch proaktive Maßnahmen können potenzielle Fehlerquellen minimiert und die Qualität der Lasergravur langfristig verbessert werden.

6. Experten konsultieren:
Bei komplexen oder hartnäckigen Fehlern kann es sinnvoll sein, Experten zu konsultieren, um professionelle Unterstützung und Beratung zu erhalten. Wenden Sie sich an den Hersteller Ihres Lasergravurgeräts, einen erfahrenen Lasergravurtechniker oder andere Fachleute in der Branche, um bei der Fehleranalyse und -behebung Unterstützung zu erhalten. Experten können Ihnen helfen, schwerwiegende Probleme zu identifizieren und effektive Lösungen zu finden, um die Qualität Ihrer Lasergravurprojekte zu verbessern.

7. Kontinuierliches Lernen und Verbessern:
Die Lasergravurtechnologie entwickelt sich ständig weiter, und es ist wichtig, kontinuierlich zu lernen und sich zu verbessern, um mit den neuesten Entwicklungen und Best Practices Schritt zu halten. Nehmen Sie an Schulungen, Workshops und Weiterbildungsprogrammen teil, um Ihr Wissen und Ihre Fähigkeiten in der Lasergravur zu erweitern. Bleiben Sie über neue Technologien, Materialien und Techniken informiert und integrieren Sie diese in Ihre Arbeitsabläufe, um die Qualität Ihrer Lasergravurprojekte kontinuierlich zu verbessern.

Fazit:
Die Fehleranalyse und -behebung in der Lasergravur ist ein wichtiger Aspekt der Qualitätskontrolle und Prozessoptimierung. Durch eine gründliche Fehleranalyse, das Verständnis der Ursachen von Fehlern und die Anwendung gezielter Lösungen können Sie die Qualität Ihrer Lasergravurprojekte verbessern und beeindruckende Ergebnisse erzielen. Nehmen Sie sich die Zeit, Fehler systematisch

zu identifizieren und zu beheben, und investieren Sie in vorbeugende Maßnahmen, um zukünftige Fehler zu vermeiden. Mit kontinuierlichem Lernen und Verbessern können Sie Ihre Fähigkeiten als Lasergravurtechniker weiterentwickeln und Ihre Lasergravurprojekte auf das nächste Level heben.

Fortgeschrittene Lasergravurtechniken

Die Lasergravur bietet eine Vielzahl von Möglichkeiten, um kreative und beeindruckende Projekte zu erstellen. In diesem Kapitel werden fortgeschrittene Lasergravurtechniken vorgestellt, die es Anfängern ermöglichen, ihre Fähigkeiten zu erweitern und ihre Projekte zu verbessern. Von der Verwendung spezieller Software und Techniken bis hin zur Experimentierfreude mit verschiedenen Materialien und Einstellungen bietet die Lasergravur eine Fülle von Möglichkeiten, um einzigartige und hochwertige Kunstwerke zu schaffen.

1. Gravur von Fotos und Bildern:
Die Gravur von Fotos und Bildern ist eine fortgeschrittene Technik, die es ermöglicht, detaillierte und realistische Darstellungen auf verschiedenen Materialien zu erzeugen. Anfänger können diese Technik durch den Einsatz spezieller Software wie LightBurn oder Adobe Photoshop erlernen, die es ermöglichen, Fotos in vektorbasierte Gravurmuster umzuwandeln. Durch die Anpassung von Einstellungen wie Kontrast, Helligkeit und Schattierung können Anfänger beeindruckende Gravuren von Fotos und Bildern erstellen und ihre Projekte auf ein neues Niveau heben.

2. 3D-Gravur und Reliefgravur:
Die 3D-Gravur und Reliefgravur sind fortgeschrittene Techniken, die es ermöglichen, dreidimensionale Effekte und Reliefstrukturen in Materialien zu erzeugen. Anfänger können diese Techniken erlernen, indem sie spezielle Software wie 3DGrav oder Fusion 360 verwenden, die es ermöglichen, 3D-Modelle in Gravurpfade

umzuwandeln. Durch die Verwendung von unterschiedlichen Gravurtiefen und -stärken können Anfänger beeindruckende 3D-Gravuren und Reliefgravuren erstellen, die ihren Projekten eine zusätzliche Dimension verleihen.

3. Farbige Gravur und Farbveredelung:
Die farbige Gravur und Farbveredelung sind fortgeschrittene Techniken, die es ermöglichen, Farbe in Lasergravurprojekte zu integrieren und ihnen eine lebendige und ansprechende Optik zu verleihen. Anfänger können diese Techniken erlernen, indem sie spezielle Farbstoffe oder Farbtinten verwenden, die auf das Gravurmaterial aufgetragen und anschließend mit dem Laser eingraviert werden. Durch die Auswahl von Farben, Farbverläufen und Schattierungen können Anfänger beeindruckende farbige Gravuren erstellen und ihren Projekten eine künstlerische Note verleihen.

4. Mehrschichtige Gravur und Schichtung:
Die mehrschichtige Gravur und Schichtung sind fortgeschrittene Techniken, die es ermöglichen, komplexe und detaillierte Gravurmuster durch die Kombination mehrerer Gravurschichten zu erzeugen. Anfänger können diese Techniken erlernen, indem sie spezielle Software verwenden, die es ermöglicht, mehrschichtige Gravurmuster zu erstellen und zu bearbeiten. Durch die Kombination von unterschiedlichen Gravurschichten können Anfänger beeindruckende und detailreiche Gravuren erstellen, die ihre Projekte auf ein neues Niveau heben.

5. Experimentieren mit verschiedenen Materialien und Oberflächen:
Das Experimentieren mit verschiedenen Materialien und Oberflächen ist eine fortgeschrittene Technik, die es ermöglicht, einzigartige und interessante Effekte in Lasergravurprojekten zu erzeugen. Anfänger können diese Technik erlernen, indem sie verschiedene Materialien wie Holz, Glas, Acryl, Metall und Stein verwenden und deren Reaktionen auf die Lasergravur beobachten. Durch das Experimentieren mit verschiedenen Oberflächenstrukturen und -beschaffenheiten können Anfänger ihre Projekte individuell gestalten und einzigartige Ergebnisse erzielen.

6. Anpassung von Laserparametern und -einstellungen:

Die Anpassung von Laserparametern und -einstellungen ist eine fortgeschrittene Technik, die es ermöglicht, die Qualität und Präzision von Lasergravurprojekten zu verbessern. Anfänger können diese Technik erlernen, indem sie die verschiedenen Einstellungen und Parameter ihres Lasergravurgeräts kennenlernen und verstehen. Durch das Experimentieren mit verschiedenen Leistungseinstellungen, Geschwindigkeiten und Gravurmodi können Anfänger ihre Projekte optimieren und beeindruckende Ergebnisse erzielen.

Fazit:
Die fortgeschrittenen Lasergravurtechniken bieten Anfängern die Möglichkeit, ihre Fähigkeiten zu erweitern und ihre Projekte zu verbessern. Durch das Erlernen und Anwenden dieser Techniken können Anfänger beeindruckende und hochwertige Lasergravurprojekte erstellen, die ihre kreativen Möglichkeiten erweitern und ihre Projekte auf ein neues Niveau heben. Mit Geduld, Übung und Experimentierfreude können Anfänger die vielfältigen Möglichkeiten der Lasergravur erkunden und ihre eigenen einzigartigen Kunstwerke schaffen.

Veredelungsmethoden für Lasergravuren

Die Veredelung von Lasergravuren ist eine entscheidende Phase im kreativen Prozess, die das Endresultat Ihrer Projekte maßgeblich beeinflusst. In diesem ausführlichen Kapitel werden verschiedene Anfänger-freundliche Veredelungsmethoden für Lasergravuren vorgestellt, die es ermöglichen, das Beste aus Ihrem Laserschneider herauszuholen und beeindruckende Ergebnisse zu erzielen.

Einführung in die Veredelung von Lasergravuren

Die Veredelung von Lasergravuren umfasst eine Vielzahl von Techniken und Methoden, die darauf abzielen, die ästhetische Qualität, Haltbarkeit und visuelle Wirkung Ihrer Gravuren zu verbessern. Von der Schleifen und Polieren bis hin zum Lackieren und Versiegeln gibt es eine Vielzahl von Veredelungsmethoden, die Anfängern helfen, ihre Lasergravurprojekte auf das nächste Level zu heben.

Schleifen und Polieren
Eine grundlegende Veredelungsmethode für Lasergravuren ist das Schleifen und Polieren der Gravuroberfläche. Durch die Verwendung von feinem Schleifpapier oder Poliermitteln können raue Kanten und Oberflächenunebenheiten geglättet und die Gravur poliert werden. Dies verleiht Ihrer Lasergravur ein glattes und glänzendes Finish, das die Details Ihrer Gravur hervorhebt und ihr eine hochwertige Optik verleiht.

Lackieren und Versiegeln
Das Lackieren und Versiegeln ist eine effektive Methode, um Lasergravuren vor Umwelteinflüssen zu schützen und ihre Farben und Details zu betonen. Durch die Verwendung von geeigneten Farben und Lacken für das Material Ihrer Lasergravur können Sie die Gravuroberfläche gleichmäßig lackieren und anschließend mit einem klaren Versiegelungslack versiegeln. Dies schützt die Gravur vor Feuchtigkeit, UV-Strahlen und Abnutzung und verleiht ihr eine glänzende Oberfläche.

Einfärben und Patinieren
Eine kreative Veredelungstechnik für Lasergravuren ist das Einfärben und Patinieren der Gravuroberfläche. Durch die Verwendung von Farbstoffen oder Tinten können Sie die Gravur einfärben und ihr Farbe verleihen. Anschließend können Sie die Gravur mit speziellen Patinierungslösungen patinieren, um einzigartige Farbeffekte und einen antiken Look zu erzielen. Dies verleiht Ihrer Lasergravur eine individuelle Note und macht sie zu einem einzigartigen Kunstwerk.

Gravur auf mehreren Ebenen
Die Gravur auf mehreren Ebenen ist eine fortgeschrittene Veredelungstechnik, die es ermöglicht, dreidimensionale Effekte in

Lasergravuren zu erzeugen. Durch die Gravur auf verschiedenen Ebenen können Sie Tiefe und Dimension zu Ihrer Gravur hinzufügen und einzigartige visuelle Effekte erzielen. Experimentieren Sie mit unterschiedlichen Gravurtiefen und -einstellungen, um interessante Ergebnisse zu erzielen und Ihre Lasergravurprojekte aufzuwerten.

Hinzufügen von Inlays und Einlegearbeiten
Eine anspruchsvolle Veredelungstechnik für Lasergravuren ist das Hinzufügen von Inlays und Einlegearbeiten. Durch die Verwendung verschiedener Materialien wie Holz, Metall oder Kunststoff können Sie Inlays oder Einlegearbeiten in Ihre Gravuroberfläche integrieren. Dies verleiht Ihrer Lasergravur eine einzigartige Textur und visuelle Wirkung und macht sie zu einem beeindruckenden Kunstwerk.

Verwendung von Schablonen und Maskierungen
Die Verwendung von Schablonen und Maskierungen ist eine praktische Methode, um bestimmte Bereiche Ihrer Lasergravur abzudecken und vor Farbe oder anderen Veredelungsmaterialien zu schützen. Schneiden Sie Schablonen oder Maskierungen aus Vinyl oder Klebefolie und platzieren Sie sie auf der Gravuroberfläche, bevor Sie mit der Veredelung beginnen. Dies ermöglicht es Ihnen, gezielte Veredelungseffekte zu erzielen und präzise Details in Ihrer Lasergravur zu erhalten.

Kombination verschiedener Veredelungsmethoden
Die Kombination verschiedener Veredelungsmethoden kann zu einzigartigen und beeindruckenden Ergebnissen führen. Experimentieren Sie mit verschiedenen Techniken und Materialien, um interessante Effekte in Ihrer Lasergravur zu erzielen. Kombinieren Sie zum Beispiel Schleifen und Polieren mit Lackieren und Versiegeln, um eine glatte und glänzende Oberfläche zu erzielen, oder verwenden Sie Einfärben und Patinieren in Kombination mit Gravur auf mehreren Ebenen für eine vielschichtige und lebendige Gravur.

Fazit
Die Veredelungsmethoden für Lasergravuren bieten Anfängern eine Vielzahl von Möglichkeiten, um das Beste aus ihren Projekten herauszuholen und beeindruckende Ergebnisse zu erzielen. Durch das Erlernen und Anwenden dieser Veredelungstechniken können

Anfänger ihre Lasergravuren aufwerten und ihre kreativen Möglichkeiten erweitern. Experimentieren Sie mit verschiedenen Methoden und Materialien, um einzigartige und individuelle Veredelungseffekte zu erzielen und Ihre Lasergravurprojekte zu verbessern.

Personalisierte Geschenke und Sonderanfertigungen

Die Herstellung personalisierter Geschenke und Sonderanfertigungen ist eine großartige Möglichkeit, Ihre Lasergravurprojekte individuell anzupassen und einzigartige Kunstwerke zu schaffen. In diesem Kapitel werden Anfänger-freundliche Methoden und Tipps vorgestellt, wie Sie personalisierte Geschenke und Sonderanfertigungen herstellen können und Ihre Kreationen an die Bedürfnisse und Wünsche Ihrer Kunden anpassen können.

1. Kundenbedürfnisse verstehen:
Der erste Schritt bei der Herstellung personalisierter Geschenke und Sonderanfertigungen ist das Verständnis der Bedürfnisse und Wünsche Ihrer Kunden. Nehmen Sie sich Zeit, um mit Ihren Kunden zu kommunizieren und ihre individuellen Vorstellungen und Anforderungen zu verstehen. Fragen Sie nach speziellen Wünschen, Vorlieben und Details, die in die Gestaltung der personalisierten Gravur einfließen sollen.

2. Auswahl geeigneter Materialien:
Wählen Sie geeignete Materialien für Ihre personalisierten Geschenke und Sonderanfertigungen aus, die den Bedürfnissen und Vorlieben Ihrer Kunden entsprechen. Berücksichtigen Sie dabei Faktoren wie Materialqualität, Haltbarkeit und Ästhetik. Von Holz und Acryl bis hin zu Metall und Leder stehen Ihnen verschiedene Materialoptionen zur Verfügung, aus denen Sie je nach den Anforderungen Ihrer Kunden auswählen können.

3. Anpassung von Designs und Gravuren:

34

Passen Sie Ihre Designs und Gravuren individuell an die Bedürfnisse Ihrer Kunden an, um personalisierte Geschenke und Sonderanfertigungen zu erstellen. Verwenden Sie spezielle Software wie LightBurn oder Adobe Illustrator, um kundenspezifische Designs zu erstellen und Gravurmuster zu personalisieren. Experimentieren Sie mit verschiedenen Schriftarten, Grafiken und Layouts, um einzigartige und ansprechende Gravuren zu gestalten, die die Persönlichkeit und Vorlieben Ihrer Kunden widerspiegeln.

4. Berücksichtigung von Anlässen und Themen:
Berücksichtigen Sie bei der Herstellung personalisierter Geschenke und Sonderanfertigungen auch spezielle Anlässe und Themen, zu denen die Gravur passen soll. Ob Geburtstage, Hochzeiten, Jubiläen oder besondere Ereignisse - stellen Sie sicher, dass Ihre personalisierten Gravuren thematisch und anlassbezogen gestaltet sind. Verwenden Sie entsprechende Grafiken, Symbole oder Texte, die den Anlass oder das Thema der Gravur unterstreichen.

5. Individualisierungsoptionen anbieten:
Bieten Sie Ihren Kunden verschiedene Individualisierungsoptionen an, um ihre personalisierten Geschenke und Sonderanfertigungen weiter anzupassen. Überlegen Sie, welche zusätzlichen Optionen Sie Ihren Kunden anbieten können, wie zum Beispiel die Auswahl verschiedener Gravurarten, Materialien oder Veredelungstechniken. Geben Sie Ihren Kunden die Möglichkeit, ihre personalisierten Gravuren nach ihren eigenen Vorstellungen und Wünschen zu gestalten und ein einzigartiges Kunstwerk zu schaffen.

6. Qualität und Kundenzufriedenheit:
Stellen Sie sicher, dass Ihre personalisierten Geschenke und Sonderanfertigungen von höchster Qualität sind und den Erwartungen Ihrer Kunden entsprechen. Verwenden Sie hochwertige Materialien, sorgfältige Handwerkskunst und präzise Lasergravurtechniken, um einwandfreie Ergebnisse zu erzielen. Nehmen Sie sich Zeit, um die Wünsche und Anforderungen Ihrer Kunden zu verstehen und sicherzustellen, dass Sie ihre Erwartungen übertreffen und ihre Zufriedenheit sicherstellen.

Fazit:
Die Herstellung personalisierter Geschenke und

Sonderanfertigungen eröffnet Ihnen als Lasergravurkünstler eine Vielzahl von kreativen Möglichkeiten, um einzigartige und individuelle Kunstwerke zu schaffen. Indem Sie die Bedürfnisse und Wünsche Ihrer Kunden verstehen, geeignete Materialien auswählen, Designs und Gravuren anpassen und verschiedene Individualisierungsoptionen anbieten, können Sie personalisierte Geschenke und Sonderanfertigungen herstellen, die Ihre Kunden begeistern und ihre Erwartungen übertreffen. Mit Sorgfalt, Kreativität und Engagement können Sie personalisierte Lasergravuren schaffen, die unvergessliche Erinnerungsstücke und besondere Geschenke für Ihre Kunden sind.

Marketing und Verkauf von Lasergravurprodukten

Der erfolgreiche Verkauf von Lasergravurprodukten erfordert eine durchdachte Marketingstrategie und eine effektive Verkaufsstrategie. In diesem Kapitel werden ausführliche Methoden vorgestellt, wie Sie Ihre Lasergravurprodukte erfolgreich vermarkten und verkaufen können. Dabei werden sowohl Online-Marktplätze wie Kleinanzeigen oder Etsy als auch der persönliche Verkauf auf Märkten berücksichtigt.

1. Zielgruppenanalyse:
Identifizieren Sie Ihre Zielgruppe und verstehen Sie deren
Bedürfnisse, Vorlieben und Kaufverhalten. Bestimmen Sie, welche
Art von Lasergravurprodukten Ihre Zielgruppe interessiert und
welche Kanäle sie nutzen, um Produkte zu kaufen.

2. Produktpräsentation und Fotografie:
Präsentieren Sie Ihre Lasergravurprodukte ansprechend und
professionell, sowohl online als auch offline. Erstellen Sie
hochwertige Produktfotos, die die Details und Qualität Ihrer Produkte
hervorheben. Nutzen Sie verschiedene Perspektiven und
Hintergründe, um Ihre Produkte optimal zu präsentieren.

3. Online-Verkaufsplattformen:
Nutzen Sie Online-Marktplätze wie Etsy, eBay oder Amazon, um Ihre
Lasergravurprodukte zu verkaufen. Optimieren Sie Ihre
Produktbeschreibungen und verwenden Sie relevante Keywords, um
Ihre Produkte für Suchmaschinen zu optimieren. Nutzen Sie auch
Social-Media-Plattformen wie Instagram oder Facebook, um Ihre
Produkte zu bewerben und potenzielle Kunden anzusprechen.

4. Lokaler Verkauf auf Märkten:
Verkaufen Sie Ihre Lasergravurprodukte auch persönlich auf lokalen
Märkten, Messen oder Handwerksmärkten. Gestalten Sie einen
ansprechenden Messestand und interagieren Sie aktiv mit Kunden,
um Ihr Produkt zu präsentieren und Vertrauen aufzubauen. Bieten
Sie auch Sonderaktionen oder Rabatte für Messebesucher an, um
den Verkauf anzukurbeln.

5. Kundenbewertungen und Empfehlungen:
Sammeln Sie Kundenbewertungen und Empfehlungen, um das
Vertrauen potenzieller Kunden zu stärken und Ihren Umsatz zu
steigern. Bitten Sie zufriedene Kunden um Feedback und
veröffentlichen Sie positive Bewertungen auf Ihrer Website oder
Ihren Social-Media-Seiten. Kundenempfehlungen sind eine
leistungsstarke Form der Werbung und können dazu beitragen, neue
Kunden zu gewinnen.

6. Kooperationen und Partnerschaften:

Suchen Sie nach Kooperationsmöglichkeiten und Partnerschaften mit anderen Unternehmen oder Influencern, um Ihre Lasergravurprodukte einem größeren Publikum zu präsentieren. Bieten Sie beispielsweise spezielle Kooperationsrabatte oder gemeinsame Werbeaktionen an, um Ihre Reichweite zu erhöhen und neue Kunden zu gewinnen.

7. Kundenbindung und Follow-up:
Pflegen Sie eine enge Beziehung zu Ihren Kunden und bieten Sie einen herausragenden Kundenservice an. Bieten Sie zusätzliche Dienstleistungen wie personalisierte Gravuren oder Sonderanfertigungen an, um die Kundenbindung zu stärken und Stammkunden zu gewinnen. Führen Sie regelmäßige Follow-up-Kommunikation durch, um Kundenfeedback zu sammeln und langfristige Kundenbeziehungen aufzubauen.

Fazit:
Das Marketing und der Verkauf von Lasergravurprodukten erfordern eine gezielte Strategie und eine aktive Herangehensweise. Nutzen Sie eine Kombination aus Online-Verkaufsplattformen, lokalem Verkauf auf Märkten, Kundenbewertungen und Empfehlungen sowie Kooperationen und Partnerschaften, um Ihre Produkte erfolgreich zu vermarkten und zu verkaufen. Pflegen Sie eine enge Beziehung zu Ihren Kunden und bieten Sie herausragenden Kundenservice, um langfristige Kundenbeziehungen aufzubauen und Ihren Umsatz zu steigern.

Community und Ressourcen für Lasergravur-Enthusiasten

Die Lasergravur-Community bietet eine Fülle von Ressourcen und Unterstützung für Enthusiasten, angefangen von kostenlosen Grafiken bis hin zu Online-Gruppen zum Austausch von Wissen und Erfahrungen. In diesem Kapitel werden verschiedene Möglichkeiten vorgestellt, wie Anfänger kostenlose Grafiken für das Lasergravieren erhalten können, sowie Online-Gruppen, in denen sie Gleichgesinnte treffen und ihr Wissen erweitern können.

Kostenlose Grafiken für Lasergravur:
Freie Grafik-Websites: Es gibt eine Vielzahl von Websites, die kostenlose Grafiken und Vektordateien für Lasergravurprojekte anbieten, darunter Pixabay, Freepik und SVGRepo. Durchsuchen Sie diese Websites nach Grafiken, die Ihren Bedürfnissen entsprechen, und laden Sie sie kostenlos herunter.

Open-Source-Projekte: Plattformen wie GitHub bieten Zugang zu Open-Source-Projekten, die kostenlose Grafiken und Designvorlagen für Lasergravuren enthalten können. Durchsuchen

Sie die verschiedenen Projekte und Repositories, um Grafiken zu finden, die Sie verwenden können.

Online-Communitys: Viele Lasergravur-Communitys und Foren haben spezielle Abschnitte oder Threads, in denen Mitglieder kostenlose Grafiken und Designvorlagen teilen. Melden Sie sich in solchen Communitys an und erkunden Sie die verfügbaren Ressourcen.

Online-Gruppen und Communitys:
Facebook-Gruppen: Es gibt zahlreiche Facebook-Gruppen für Lasergravur-Enthusiasten, in denen Mitglieder ihre Projekte teilen, Fragen stellen und Tipps austauschen. Suchen Sie nach Gruppen wie "Lasergravur-Enthusiasten" oder "Lasergravur-Kunsthandwerk" und treten Sie ihnen bei, um sich mit Gleichgesinnten zu vernetzen.

Reddit-Communities: Plattformen wie Reddit haben spezielle Subreddits für Lasergravur, wie z.B. r/lasercutting oder r/laserengraving. Diese Communitys bieten eine Fülle von Ressourcen, Diskussionen und Projekten, an denen Sie teilnehmen können.

Foren und Diskussionsplattformen: Es gibt auch spezielle Foren und Diskussionsplattformen für Lasergravur-Enthusiasten, wie das Trotec Laserforum oder das Laserengraverforum. Diese Plattformen bieten eine großartige Möglichkeit, sich mit anderen Mitgliedern der Community zu vernetzen und Wissen auszutauschen.

Lokale Gruppen und Veranstaltungen:
Messen und Veranstaltungen: Besuchen Sie lokale Messen und Veranstaltungen im Bereich Lasergravur, um andere Enthusiasten persönlich zu treffen und sich mit ihnen auszutauschen. Viele Messen haben auch Workshops und Seminare, die Ihnen helfen können, Ihr Wissen zu erweitern.

Maker Spaces und Fab Labs: Maker Spaces und Fab Labs sind Orte, an denen Sie Zugang zu Lasergravurmaschinen haben und gleichzeitig Teil einer lokalen Community von Bastlern und Makern sind. Treten Sie solchen Einrichtungen bei und nehmen Sie an Veranstaltungen und Workshops teil.

Lokale Vereine und Clubs: Suchen Sie nach lokalen Vereinen oder Clubs für Lasergravur-Enthusiasten in Ihrer Nähe. Diese Clubs organisieren oft Treffen, Workshops und Veranstaltungen, bei denen Sie andere Enthusiasten treffen und Ihr Wissen teilen können.

Durch die Teilnahme an Online-Gruppen und Communitys sowie lokalen Veranstaltungen und Treffen können Sie Ihr Wissen erweitern, neue Techniken lernen und sich mit anderen Lasergravur-Enthusiasten vernetzen. Nutzen Sie diese Ressourcen, um Ihre Fähigkeiten zu verbessern und Ihre Leidenschaft für die Lasergravur zu vertiefen.

Rechtliche Aspekte und Urheberrechte in der Lasergravur

Rechtliche Aspekte und Urheberrechte in der Lasergravur
Die Lasergravur ist nicht nur ein kreatives Handwerk, sondern auch ein rechtlich reguliertes Gebiet. Es ist wichtig, die rechtlichen Aspekte und Urheberrechte zu verstehen, um mögliche rechtliche Probleme zu vermeiden und Ihre Lasergravurprojekte sicher und legal durchzuführen.

Urheberrecht und geistiges Eigentum:
Urheberrechtliche Werke: Bevor Sie Grafiken, Designs oder andere Inhalte für Ihre Lasergravurprojekte verwenden, müssen Sie sicherstellen, dass Sie über die erforderlichen Rechte verfügen. Urheberrechtlich geschützte Werke wie Logos, Bilder oder Designs dürfen nicht ohne Genehmigung des Urhebers verwendet werden.

Lizenzierung: Einige Grafiken oder Designs können unter bestimmten Lizenzen stehen, die die Bedingungen für ihre Verwendung festlegen. Stellen Sie sicher, dass Sie die Nutzungsbedingungen der verwendeten Grafiken oder Designs verstehen und sie gemäß den Lizenzbedingungen verwenden.

Markenrecht:

Markenschutz: Vermeiden Sie die Verwendung von geschützten Marken oder Logos in Ihren Lasergravurprojekten, es sei denn, Sie haben die ausdrückliche Genehmigung des Markeninhabers.

Eigenes Branding: Wenn Sie Ihr eigenes Branding oder Logo in Ihre Lasergravurprojekte integrieren, stellen Sie sicher, dass es nicht mit vorhandenen Marken verwechselt werden kann und keine Markenrechte verletzt.

Datenschutz und Persönlichkeitsrechte:
Personenbezogene Daten: Wenn Sie Lasergravuren mit persönlichen Informationen oder Porträts erstellen, stellen Sie sicher, dass Sie die geltenden Datenschutzgesetze einhalten und das Einverständnis der betroffenen Personen einholen, wenn erforderlich.

Recht am eigenen Bild: Beachten Sie die Persönlichkeitsrechte und das Recht am eigenen Bild von Personen, deren Porträts oder Abbildungen Sie in Ihren Lasergravurprojekten verwenden.

Verbraucherschutz und Produkthaftung:
Produkthaftung: Als Hersteller von Lasergravurprodukten tragen Sie eine gewisse Produkthaftung und müssen sicherstellen, dass Ihre Produkte den geltenden Sicherheitsstandards entsprechen und keine Gefahr für die Verbraucher darstellen.

Kennzeichnungspflicht: Kennzeichnen Sie Ihre Lasergravurprodukte ordnungsgemäß mit allen erforderlichen Informationen, einschließlich Materialien, Warnhinweisen und Herstellerinformationen.

Haftungsausschluss:
Die in diesem Kapitel bereitgestellten Informationen dienen ausschließlich zu Informationszwecken und stellen keine rechtliche Beratung dar. Es liegt in der Verantwortung des Lesers, sicherzustellen, dass er die geltenden Gesetze und Vorschriften einhält und gegebenenfalls rechtlichen Rat einholt. Jegliche Handlungen oder Entscheidungen, die auf Basis dieser Informationen getroffen werden, geschehen auf eigenes Risiko. Der Verfasser dieses Textes übernimmt keine Haftung für etwaige Fehler

oder Ungenauigkeiten sowie für die Konsequenzen, die sich aus der Anwendung dieser Informationen ergeben können.

Nachhaltigkeit und Umweltaspekte in der Lasergravurindustrie

Die Lasergravurindustrie hat in den letzten Jahren ein verstärktes Bewusstsein für Nachhaltigkeit und Umweltaspekte entwickelt. Diese Themen sind auch im Hobbybereich von großer Bedeutung, da Lasergravurprojekte oft Materialien verwenden, die Umweltauswirkungen haben können. In diesem Kapitel werden die

Bedeutung von Nachhaltigkeit in der Lasergravurindustrie sowie praktische Tipps für Anfänger im Hobbybereich betont, um umweltfreundliche Praktiken zu fördern und zur Reduzierung des ökologischen Fußabdrucks beizutragen.

Bedeutung von Nachhaltigkeit in der Lasergravur:
Die Lasergravurindustrie steht vor der Herausforderung, ihre Prozesse und Materialien nachhaltiger zu gestalten, um die Umweltauswirkungen zu minimieren. Dies umfasst die Reduzierung von Abfall, die effiziente Nutzung von Ressourcen und die Vermeidung von umweltschädlichen Materialien. Auch im Hobbybereich ist es wichtig, sich dieser Themen bewusst zu sein und nachhaltige Praktiken zu fördern.

Umweltauswirkungen der Lasergravur:
Die Lasergravur kann zu Umweltauswirkungen führen, insbesondere wenn sie mit bestimmten Materialien durchgeführt wird. Zum Beispiel können einige Kunststoffe beim Laserschneiden schädliche Dämpfe freisetzen, die die Umwelt belasten können. Auch Holzgravuren können dazu führen, dass Holzreste und -abfälle entstehen, die entsorgt werden müssen.

Abfallmanagement und Reststückverwertung:
Ein wichtiger Aspekt der Nachhaltigkeit in der Lasergravurindustrie ist das Abfallmanagement. Dies umfasst die effiziente Verwaltung und Verwertung von Materialabfällen und Reststücken. Anfänger im Hobbybereich können dazu beitragen, indem sie ihre Reststücke und Materialabfälle verwerten, anstatt sie wegzuwerfen. Zum Beispiel können Reststücke für kleinere Projekte wiederverwendet oder recycelt werden.

Praktische Tipps für nachhaltige Lasergravur im Hobbybereich:
Materialauswahl:
Eine der wichtigsten Entscheidungen für umweltfreundliche Lasergravurprojekte ist die Auswahl der Materialien. Anfänger sollten nachhaltige Materialien wie recyceltes Holz, Bambus oder biologisch abbaubare Kunststoffe verwenden, um ihre ökologische Fußabdruck zu reduzieren.

Reststückverwertung:

Die Verwertung von Reststücken und Materialabfällen ist ein wichtiger Schritt, um Abfall zu reduzieren. Anfänger können Reststücke für kleinere Projekte verwenden oder sie an Recyclingzentren abgeben, anstatt sie wegzuwerfen.

Energieeffizienz:
Die Energieeffizienz der Lasergravurmaschine ist ein weiterer wichtiger Aspekt der Nachhaltigkeit. Anfänger sollten die Einstellungen ihrer Maschine optimieren, um den Energieverbrauch zu reduzieren und Energie zu sparen.

Vermeidung von Überproduktion:
Überproduktion ist ein häufiges Problem in der Lasergravurindustrie, das zu Materialverschwendung führen kann. Anfänger sollten ihre Projekte sorgfältig planen, um Überproduktion zu vermeiden und Materialabfälle zu reduzieren.

Bewusstsein schaffen:
Es ist wichtig, sich über Nachhaltigkeit und Umweltaspekte in der Lasergravurindustrie zu informieren und das Bewusstsein für diese Themen zu fördern. Anfänger können ihr Wissen mit anderen teilen und dazu beitragen, eine nachhaltigere Industrie aufzubauen.

Zusammenfassung:
Die Lasergravurindustrie steht vor der Herausforderung, nachhaltige Praktiken zu fördern und Umweltaspekte zu berücksichtigen. Auch Anfänger im Hobbybereich können dazu beitragen, indem sie umweltfreundliche Materialien verwenden, Reststücke verwerten und sich über Nachhaltigkeit informieren. Durch bewusstes Handeln und die Förderung nachhaltiger Praktiken können Anfänger einen Beitrag zum Umweltschutz leisten und dazu beitragen, die Lasergravurindustrie in eine nachhaltige Zukunft zu führen.

Zukunftstrends und Innovationen in der Lasergravur

Die Lasergravurindustrie ist ständig in Bewegung und erlebt kontinuierliche Innovationen und technologische Fortschritte. In diesem Kapitel werfen wir einen Blick auf die aktuellen Trends und zukünftigen Entwicklungen in der Lasergravur, um Anfänger im Hobbybereich über die neuesten Innovationen und Zukunftsaussichten zu informieren.

Aktuelle Trends in der Lasergravur:

1. 3D-Gravur:
Die Möglichkeit, dreidimensionale Objekte mit Lasern zu gravieren, gewinnt an Popularität. Dies ermöglicht es, detaillierte und komplexe Designs in verschiedensten Materialien zu erstellen.

2. Personalisierung:
Personalisierte Lasergravuren sind nach wie vor im Trend und bieten eine individuelle Note für Geschenke, Souvenirs und Werbeartikel. Die Nachfrage nach maßgeschneiderten und einzigartigen Produkten steigt stetig.

3. Nachhaltigkeit:
Nachhaltige Materialien und umweltfreundliche Gravurverfahren sind

auf dem Vormarsch. Es wird verstärkt Wert auf die Verwendung von recycelten Materialien und energieeffizienten Gravurmethoden gelegt.

4. Industrielle Anwendungen:
Die Lasergravur wird zunehmend in industriellen Anwendungen eingesetzt, wie z.b. der Kennzeichnung und Beschriftung von Produkten, der Herstellung von Schmuck und der Automobilindustrie.

5. Integration von IoT und Automatisierung:
Die Integration von Internet of Things (IoT) und Automatisierungstechnologien ermöglicht es, Lasergravurmaschinen ferngesteuert zu überwachen und zu steuern, was die Produktivität und Effizienz erhöht.

Zukunftsaussichten und Innovationen:
1. Nanolasergravur:
Die Entwicklung von Nanolasergravurtechnologien ermöglicht es, noch kleinere und präzisere Gravuren durchzuführen, was neue Anwendungsbereiche in der Elektronik- und Medizinindustrie eröffnet.

2. KI-gesteuerte Gravur:
Künstliche Intelligenz (KI) wird zunehmend in der Lasergravur eingesetzt, um automatisch optimierte Gravurmuster zu erstellen und den Gravurprozess zu verbessern.

3. Holographische Gravur:
Die Entwicklung holographischer Gravurtechnologien ermöglicht es, dreidimensionale Hologramme und visuell ansprechende Effekte zu erzeugen, die in der Werbung und Produktgestaltung eingesetzt werden können.

4. Biokompatible Gravurmaterialien:
Die Entwicklung von biokompatiblen Materialien ermöglicht es, Lasergravuren direkt auf biologisch verträglichen Materialien wie Organischen oder tierischen Gewebe durchzuführen, was neue Anwendungen in der Medizin und Implantologie eröffnet.

5. Multi-Material-Gravur:
Die Entwicklung von Lasergravurmaschinen, die verschiedene Materialien gleichzeitig gravieren können, eröffnet neue Möglichkeiten für die Herstellung komplexer und multifunktionaler Produkte.

Zusammenfassung:
Die Lasergravurindustrie steht vor aufregenden Zeiten voller Innovationen und technologischer Fortschritte. Von 3D-Gravur über KI-gesteuerte Gravur bis hin zu holographischen Effekten und biokompatiblen Materialien gibt es zahlreiche spannende Entwicklungen, die die Zukunft der Lasergravur prägen werden. Anfänger im Hobbybereich sollten diese Trends im Auge behalten und offen für neue Möglichkeiten sein, um ihre Fähigkeiten und Kenntnisse in der Lasergravur weiter zu entwickeln.

Erfolgsstrategien für angehende Lasergravur-Profis

Der Weg zum Erfolg als Lasergravur-Profi erfordert nicht nur technisches Know-how, sondern auch strategische Herangehensweisen und unternehmerisches Denken. Dieses Kapitel widmet sich ausführlich den wichtigen Erfolgsstrategien für angehende Lasergravur-Profis, um ihre Fähigkeiten zu verbessern, ihr Geschäft zu fördern und langfristigen Erfolg zu erzielen.

1. Kontinuierliche Weiterbildung und Fachkenntnisse
Der erste Schritt auf dem Weg zum Erfolg als Lasergravur-Profi ist die kontinuierliche Weiterbildung und das Streben nach Fachkenntnissen. Es ist wichtig, sich über die neuesten Technologien, Trends und Techniken in der Lasergravurindustrie auf dem Laufenden zu halten. Dazu gehören der Besuch von Schulungen, Workshops, Konferenzen und die Teilnahme an Online-Kursen oder Selbststudium. Durch die ständige Weiterbildung können Sie Ihre Fähigkeiten erweitern, neue Techniken erlernen und Ihr Wissen vertiefen, was Ihnen einen Wettbewerbsvorteil verschafft und Ihre Professionalität unterstreicht.

2. Spezialisierung und Differenzierung
Eine erfolgreiche Strategie für angehende Lasergravur-Profis ist die Spezialisierung und Differenzierung in einem bestimmten Bereich oder einer bestimmten Nische. Indem Sie sich auf einen spezifischen Markt oder eine spezielle Anwendung konzentrieren, können Sie sich von der Konkurrenz abheben und einzigartige Produkte oder Dienstleistungen anbieten, die eine hohe Nachfrage haben. Überlegen Sie, welche Bereiche der Lasergravur Ihnen besonders liegen oder welche Marktnische Sie bedienen möchten, und entwickeln Sie Ihre Fähigkeiten und Angebote entsprechend.

3. Qualitätsorientierung und Präzision
Ein weiterer Schlüssel zum Erfolg als Lasergravur-Profi ist die Qualitätsorientierung und die Fokussierung auf Präzision in Ihrer Arbeit. Kunden schätzen hochwertige Produkte und präzise

Gravuren, die professionell und ansprechend aussehen. Achten Sie daher darauf, nur hochwertige Materialien zu verwenden, sorgfältig zu arbeiten und Ihre Gravuren mit größter Präzision durchzuführen. Durch die Konzentration auf Qualität können Sie das Vertrauen Ihrer Kunden gewinnen, Ihre Reputation stärken und langfristige Kundenbeziehungen aufbauen.

4. Kundenservice und Kundenbindung
Ein exzellenter Kundenservice ist entscheidend für den Erfolg als Lasergravur-Profi. Bemühen Sie sich, auf die Bedürfnisse und Wünsche Ihrer Kunden einzugehen, ihre Erwartungen zu übertreffen und eine positive Kundenbeziehung aufzubauen. Seien Sie stets freundlich, zuvorkommend und professionell im Umgang mit Ihren Kunden, und nehmen Sie sich Zeit, um deren Anliegen ernst zu nehmen und individuelle Lösungen anzubieten. Durch einen erstklassigen Kundenservice können Sie das Vertrauen Ihrer Kunden gewinnen, sie langfristig an sich binden und positive Empfehlungen generieren.

5. Marketing und Branding
Effektives Marketing und Branding sind entscheidend, um sich als Lasergravur-Profi erfolgreich zu positionieren und Kunden zu gewinnen. Entwickeln Sie eine klare Markenidentität und ein professionelles Erscheinungsbild für Ihr Unternehmen, das sich in Ihrem Logo, Ihrer Website, Ihren Marketingmaterialien und Ihrer Kommunikation widerspiegelt. Nutzen Sie verschiedene Marketingkanäle wie Social Media, Ihre Website, E-Mail-Marketing, Werbung und Networking, um potenzielle Kunden zu erreichen und Ihr Geschäft zu fördern. Investieren Sie in gezielte Werbung und Marketingmaßnahmen, um Ihre Zielgruppe anzusprechen und Ihre Dienstleistungen oder Produkte bekannt zu machen.

6. Effizientes Zeitmanagement und Arbeitsorganisation
Effizientes Zeitmanagement und eine strukturierte Arbeitsorganisation sind entscheidend, um Ihre Aufgaben effektiv zu bewältigen und Ihr Geschäft erfolgreich zu führen. Planen Sie Ihre Projekte und Aufgaben sorgfältig im Voraus, setzen Sie Prioritäten und organisieren Sie Ihren Arbeitsablauf, um eine effiziente Arbeitsweise zu gewährleisten. Vermeiden Sie Zeitverschwendung und halten Sie sich an Ihre Zeitpläne und Fristen, um Ihre Projekte

termingerecht abzuschließen und Ihren Kunden einen zuverlässigen Service zu bieten. Durch ein effizientes Zeitmanagement können Sie Ihre Produktivität steigern, Stress reduzieren und Ihre Geschäftsziele effektiv verfolgen.

7. Investition in Ausrüstung und Technologie
Die Investition in hochwertige Ausrüstung und modernste Technologie ist entscheidend für den Erfolg als Lasergravur-Profi. Stellen Sie sicher, dass Sie über leistungsstarke Lasergravurmaschinen, hochwertige Laserköpfe, präzise Gravurlinsen und zuverlässige Software verfügen, um qualitativ hochwertige Gravuren durchzuführen. Halten Sie Ihre Ausrüstung und Technologie auf dem neuesten Stand und investieren Sie regelmäßig in Upgrades und Aktualisierungen, um wettbewerbsfähig zu bleiben und mit den aktuellen Entwicklungen in der Branche Schritt zu halten. Durch die Nutzung modernster Ausrüstung und Technologie können Sie Ihre

Fallstudien und Erfolgsgeschichten aus der Lasergravurpraxis

Fallstudien und Erfolgsgeschichten aus der Lasergravurpraxis bieten wertvolle Einblicke in reale Projekte, Herausforderungen und Erfolge von Profis in der Branche. In diesem Kapitel werden verschiedene Fallstudien und Erfolgsgeschichten präsentiert, um angehenden Lasergravur-Profis praktische Einblicke und Inspiration zu bieten.

Fallstudie 1: Personalisierte Hochzeitsgeschenke
Eine Lasergravur-Firma hat sich auf die Herstellung personalisierter Hochzeitsgeschenke spezialisiert. Durch die Nutzung hochpräziser Lasergravurmaschinen konnten sie individuelle Geschenke wie gravierte Weingläser, Holzbrettchen mit eingravierten Namen und Datumsangaben sowie personalisierte Schmuckstücke herstellen. Die Geschichten von zufriedenen Kunden und die einzigartigen

Produkte haben dazu beigetragen, dass sich das Unternehmen als führender Anbieter von personalisierten Hochzeitsgeschenken etabliert hat.

Fallstudie 2: Industrielle Beschriftungen und Kennzeichnungen
Ein Unternehmen, das sich auf industrielle Beschriftungen und Kennzeichnungen spezialisiert hat, nutzt Lasergravurtechnologie, um hochpräzise und dauerhafte Beschriftungen auf Metall-, Kunststoff- und Glasoberflächen anzubringen. Diese Beschriftungen werden in verschiedenen Industriezweigen eingesetzt, darunter die Automobilindustrie, die Elektronikbranche und die Medizintechnik. Die hohe Qualität der Gravuren, ihre Langlebigkeit und ihre Beständigkeit gegenüber Umwelteinflüssen haben dazu geführt, dass das Unternehmen als zuverlässiger Partner für industrielle Beschriftungen bekannt ist.

Fallstudie 3: Künstlerische Lasergravuren
Ein Künstler nutzt Lasergravurtechnologie als Medium für seine künstlerischen Werke. Durch die Verwendung von Lasergravurmaschinen konnte er einzigartige Kunstwerke auf verschiedenen Materialien wie Holz, Glas und Acrylglas schaffen. Seine kreativen Gravuren umfassen abstrakte Muster, Porträts, Landschaften und typografische Elemente. Die einzigartigen und ästhetisch ansprechenden Kunstwerke haben ihm Anerkennung in der Kunstszene eingebracht und ihm geholfen, seine Werke erfolgreich zu vermarkten.

Erfolgsgeschichte 1: Vom Hobby zum erfolgreichen Geschäft
Eine Einzelperson begann als Hobbyist mit einer kleinen Lasergravurmaschine in seiner Garage. Durch kontinuierliche Weiterbildung, Experimentieren und Engagement konnte er seine Fähigkeiten verbessern und sein Geschäft ausbauen. Er begann mit der Gravur von Geschenkartikeln und personalisierten Produkten und erweiterte sein Angebot später um industrielle Beschriftungen und künstlerische Gravuren. Heute betreibt er ein florierendes Geschäft mit mehreren Mitarbeitern und beliefert Kunden aus verschiedenen Branchen.

Erfolgsgeschichte 2: Innovative Anwendungen in der Medizin
Ein medizinisches Forschungsinstitut hat Lasergravurtechnologie für

innovative Anwendungen in der Medizin eingesetzt. Durch die Gravur von mikroskopisch kleinen Strukturen auf medizinischen Implantaten und Instrumenten konnten sie die biologische Verträglichkeit verbessern, die Funktionalität optimieren und die Behandlungsergebnisse für Patienten deutlich verbessern. Diese bahnbrechenden Anwendungen haben dazu beigetragen, dass das Institut international anerkannt wurde und neue Standards in der Medizin gesetzt hat.

Erfolgsgeschichte 3: Nachhaltige Produkte und Umweltschutz
Ein Unternehmen hat Lasergravurtechnologie genutzt, um nachhaltige Produkte herzustellen und einen Beitrag zum Umweltschutz zu leisten. Durch die Verwendung von recycelten Materialien und energieeffizienten Gravurverfahren konnten sie umweltfreundliche Produkte wie gravierte Holzverpackungen, recycelte Kunststoffprodukte und biologisch abbaubare Geschenkartikel herstellen. Diese nachhaltigen Produkte haben bei umweltbewussten Kunden großen Anklang gefunden und das Unternehmen zu einem Vorreiter im Bereich nachhaltiger Produktion gemacht.

Zusammenfassung:
Fallstudien und Erfolgsgeschichten aus der Lasergravurpraxis bieten wertvolle Einblicke in die vielfältigen Anwendungen, Herausforderungen und Erfolge von Profis in der Branche. Sie zeigen auf, wie Lasergravurtechnologie in verschiedenen Bereichen eingesetzt werden kann, von personalisierten Geschenken über industrielle Beschriftungen bis hin zu künstlerischen Werken und medizinischen Anwendungen. Diese Fallstudien und Erfolgsgeschichten dienen als inspirierende Beispiele und zeigen auf, wie angehende Lasergravur-Profis ihre Fähigkeiten verbessern, ihr Geschäft ausbauen und erfolgreich in der Branche tätig werden können.

Selbstreflexion und Weiterentwicklung: Schlüssel zur Perfektion als Lasergravur-Profi

Selbstreflexion und kontinuierliche persönliche Entwicklung sind entscheidend für den Erfolg in der Lasergravurbranche. Hier sind einige Fragen, die Sie sich selbst stellen können, um an sich zu arbeiten und Ihre Fähigkeiten als Lasergravur-Profi weiter zu verbessern:

Technische Fähigkeiten und Kenntnisse:

Bin ich mit den neuesten Technologien und Trends in der Lasergravur vertraut?
Welche spezifischen technischen Fähigkeiten möchte ich weiterentwickeln oder erweitern?
Wie kann ich meine Kenntnisse über verschiedene Materialien und ihre Gravureigenschaften vertiefen?
**Kreativität und Design:

Wie kann ich meine kreativen Fähigkeiten und mein Designverständnis verbessern?
Welche neuen Designtechniken oder Softwareprogramme könnte ich lernen, um meine Designs zu optimieren?
Wie kann ich meine Fähigkeit verbessern, individuelle und einzigartige Gravuren zu erstellen?
**Qualität und Präzision:

Wie kann ich meine Gravurqualität und Präzision weiter verbessern?
Welche Maßnahmen kann ich ergreifen, um Fehler und Unregelmäßigkeiten in meinen Gravuren zu minimieren?
Wie kann ich meine Arbeitsabläufe optimieren, um eine gleichbleibend hohe Qualität zu gewährleisten?
**Kundenbeziehungen und Service:

Wie kann ich meinen Kundenservice weiter verbessern und die Zufriedenheit meiner Kunden steigern?
Welche Schritte kann ich unternehmen, um eine langfristige Kundenbindung aufzubauen?
Wie kann ich auf Kundenfeedback reagieren und mein Angebot entsprechend anpassen?
**Unternehmerische Fähigkeiten:

Wie kann ich meine unternehmerischen Fähigkeiten stärken und mein Geschäft weiter ausbauen?
Welche Marketing- und Vertriebsstrategien kann ich implementieren, um neue Kunden zu gewinnen und mein Geschäft zu fördern?
Wie kann ich meine betrieblichen Abläufe effizienter gestalten und Kosten senken, ohne die Qualität zu beeinträchtigen?
**Persönliches Wachstum:

Welche persönlichen Eigenschaften oder Fähigkeiten möchte ich entwickeln, um ein erfolgreicher Lasergravur-Profi zu werden?
Wie kann ich meine Zeitmanagementfähigkeiten verbessern, um produktiver zu sein und meine Ziele effektiv zu verfolgen?
Welche Möglichkeiten habe ich, um mich kontinuierlich weiterzubilden und meine beruflichen und persönlichen Ziele zu erreichen?
Indem Sie sich regelmäßig diese Fragen stellen und aktiv an Ihrer persönlichen und beruflichen Entwicklung arbeiten, können Sie Ihre Fähigkeiten als Lasergravur-Profi kontinuierlich verbessern und Ihren Erfolg in der Branche vorantreiben.